笑刻刻

橡皮章达人的创意手作

林桉娴　著

河南科学技术出版社
·郑州·

推荐序

林桉娴：一个让人印象深“刻”的名字

从事拼布及手艺贸易工作多年，接触过国内外很多拼布名师及手作达人，林桉娴小姐就是这众多的优秀人才里一颗具有极高创作力、才华横溢的星星。

2009年因为徐总编辑及袖珍作品达人郭桃甄老师的引荐，与林桉娴小姐有了一面之缘，当时她刻了一颗根据我的相片创作出来的橡皮章，作为第一次见面的贴心礼物，实在令人印象深刻。特别值得一提的是，在看了她的个人刻章创作笔记本后，对于她在这方面的天赋和创意印象深刻，心中不禁产生了希望把她的作品出版成书的念头，并提出了这样的合作想法。个性温和的桉娴也非常爽快地欣然答应，并决定将她的作品交由我们来为她打造第一本个人创作书。这样的机缘，促成了《笑刻刻》一书的出版，也让我们建立了因为合作的默契而培养的深厚情谊。

《笑刻刻》一书收录了许多林桉娴小姐多年来的创意作品，与其说是个人创作集，不如说是她用生活体验“刻”出的创意累积。她送我的个人图像章，至今仍然常常被我用来向国外客户夸耀：”这是我们台湾的橡皮章老师做给我的礼物喔！很棒吧！”而他们也都对这作品称赞不已，肯定了台湾手工艺者的才华与实力。

手作最大的魅力在于“亲手做出独一无二的礼物”，这是花钱也买不到的心意。秉持这样的用心及坚持，每一个手艺创作者，都可以成为促使台湾手作市场日益繁荣的重要推手。我希望通过林桉娴小姐《笑刻刻》一书的出版，让每一个热爱手工创作的人都能够因为此书而产生对手作的热情与创作的动力，因为温暖的手作，让你我天天都能“笑刻刻”！

（本文作者为隆德贸易董事长暨
首翊＆手艺出版社发行人吕世文先生）

第一次的刻章，

第一次发自内心的喜悦，

第一次来自自己的大大的成就感，

第一次感觉可以无忧无虑、无所顾忌地做自己喜爱做的事，这一直是我热爱刻章的原因，若能把每个作品都赋予灵魂，那将会是令人感动又美好的事情……

记得送出第一个作品的过程是期待的，期待收到这个礼物的朋友欣喜若狂，然后很开心地告诉我说“这是我收过的最特别的礼物。”……哈哈哈……因为它是个礼物，所以想要收到的人开心，后来才知道原来市面上也有介绍橡皮印章的书籍。

最初也是因为朋友才会有机会接触到这一类手作书籍，而刚开始刻时也不觉得有什么好与坏、美与丑之分，只要图形完整印出来，就开心得不得了，我想这就是建立自信心的开始。后来慢慢地有了线条粗细、技巧运用、图形流畅感的分别，渐渐地会希望用心刻画出来的每一颗章都能拥有自己的灵魂！但是制作过程中图形愈复杂，线条愈纤细，尺寸愈缩小，技巧的运用就愈受限。不过很多事情就是由失败累积而成功，而且，只是玩玩橡皮章，似乎也没什么大不了的，刻坏了再换一个就好，重点是在这个过程中学到了什么，这是会影响结果的；最需要的还是耐心与期待，只要有耐心，同样的一件事，不厌其烦地重复练习，终究会日臻完美的。

总之，浓厚的兴趣使我全神贯注于每一个刻章的过程，完成作品的刹那是迎接成就感和期待的开端、瞬间……所有的不愉快都将被遗忘，剩下的美好就等着被人们品尝！

sky660@hotmail.com

目录

创意手作
Funny Handmade

生活杂货
Zakka Life

Contents

童趣时光 Cute Time

影像素刻 Image Memory

How to do

创意手作

Funny Handmade

欢迎光临，

我的笑刻刻小宇宙。

这里没有他们说的大道理，

只有我最深刻的美式哲学。

创意，是我无时无刻的生活小印记，
盖在生活里，也盖在你心里。

Cotton's Name
布标

布作物品，需要一个名字。
设计一个代表自己的印章，印成布标，
不管放在哪里，都是独一无二的个人风格。

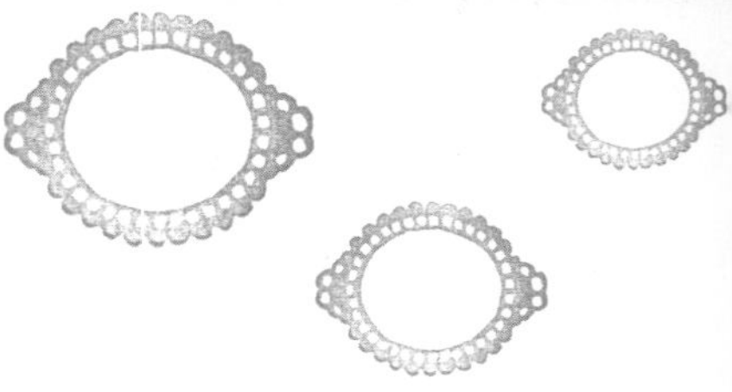

我为布刻上名字，希望它被收藏。
不用算笔画，只要好看就行了！

Cup's Bed 杯垫的白日梦

观察杯子下的世界，是一种另类。
我喜欢在喝咖啡的时候做白日梦。

在餐巾纸上用拼贴方式贴于木片，
完成色块鲜明的拼接杯垫，
点缀出家居生活的亮色。

Power Light 微光

只要一盏灯的微弱光芒，
就能在夜里为我指引方向。

39元（新台币）买回家的木盒，装上灯泡，
把刻章盖在描图纸上，粘贴在木盒上，
制成小夜灯提醒自己，回家的感觉真好。

Shopping Bag　环保购物袋

购物袋里都装些什么?
苹果说：环保可不能随便装装。

花一点小巧思，替蔬果制作专属的购物袋，
让购物袋也能充满设计感。

Paris Box
巴黎风

回收使用过的包装纸盒，盖上我喜欢的30年代集邮风，
涂上一抹质朴温暖的复古情意。

想和你一起，在手作的世界里随性旅行，
带着我爱的巴黎风景，邂逅法式浪漫。

Paper Thinking... 纸想

把喜欢的图案印在纸胶带上，
让旧纸盒有了新生命，变成风格独特的包装材料。

刻章的有趣，来自于想刻就刻，不需要谁同意；
所以我决定每天都要笑刻刻，绝不是纸上谈兵。

为知心好友的小店特制Logo刻章，
有暖暖的色调，这是我的心意。

生活杂货

Zakka Life

生活是填满创意的空间杂货，
杂货是装饰心灵的风格生活。
追求完美手作印象，
对我来说缺一不可。

曾几何时，Zakka（杂货）成了一种时尚的生活新态度，
旧旧的东西，反而特别有个人味道。

Time Machine
时光机器

顺着时间的方向，找寻最初的自己。
梦想，好像也不是那么遥不可及……

改造的旧时钟，在表面用压克力颜料着色，
盖上喜欢的刻章，时间也开始有了温度。

American Dream
美国梦

我和时间赛跑，为了一个自由的梦，
也是另一种值得。

取材自家里现成的木头时钟底座，
利用颜料及刻章装饰，
让居所角落处处都是小惊喜。

Miracle Square　斜塔人生

遇到挫折的时候，也要跟比萨斜塔一样：
以为会跌倒，但还是屹立不摇。

居家市场买的原木相框，
用压克力颜料上色，锁上问号钩，
中间放入盖好印章的布，框内的风景表情一览无余。

1928
4¢
U.S POSTAGE
nederland
CANADA
DEUTSCHE
Airmail
USA
Jiffy

You've Got Mail　幸福手写

信箱说："亲手写的明信片，
有电子邮件转寄不了的温暖。"

将环游世界收集的邮票，
刻成图章盖在现成的木头信箱上，
时时都能回味旅途的点点滴滴。

I'm Not Busy　刻板印象

DIY刻章，印在塑料材质上也不是问题，
拿随身的笔记本电脑试试吧！

随身带着电脑的人，不一定很忙。
也许他们只是想打发“时间”这家伙。

Message Board 请留言

手作，像是生活中一门说话的艺术。
有创意的人，请尽情留言吧！

1.5cm厚的珍珠板底座、盖好刻章的布，
缝纫机缝好，使用钉枪钉在板子上，
即成特制的留言板了。

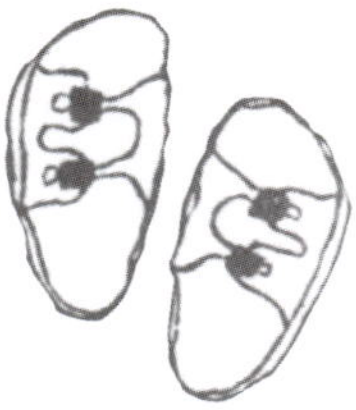

My Simple Life　简单刻写

我喜欢这样的简单、舒服又清爽。
刻写出绝不矫揉造作的直白。

布料材质也能印，印在室内拖鞋上，陪自己走来走去。

素白的安全帽，是不是很单调？
盖上几个可爱的图章吧！

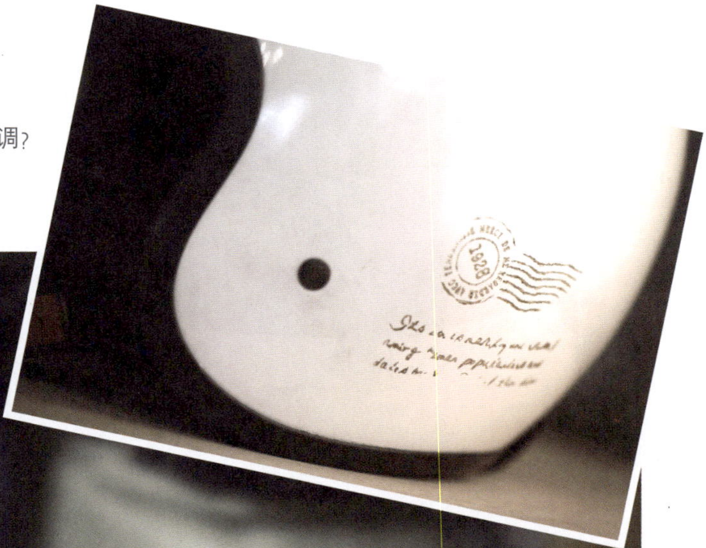

Safe CM?　安全帽的暧昧难题

嘿！好想贴近耳朵问你，
我们之间的安全距离是多少厘米？

Bye Bicycle 再见单车

好怀念儿时的旧单车，它们曾经陪我度过
记忆里的每一个春夏秋冬。

现成的素坯布便当袋，把章盖在布上，
排列缝制成抢眼的帆布包，
自然散发出手作的厚实情感。

Black & White
黑白画面

给收集的小小白色凳子，
盖上英式文章的图样，增添小物件的生命力。

将回忆刷上灰阶色彩，黑白有型；
我的手作生活也多了些复古情调。

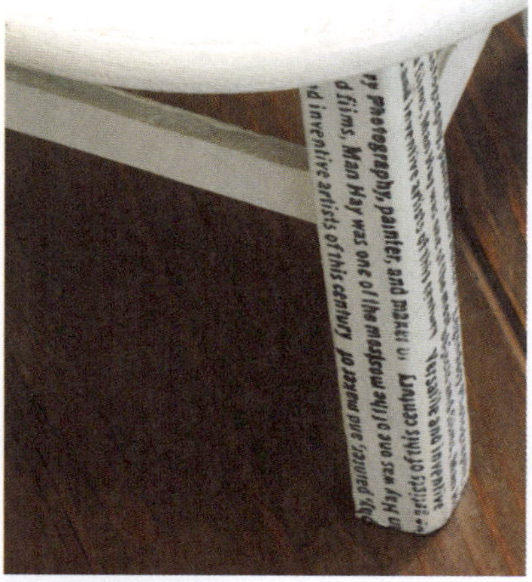

The
Roycroft
BOOKS

A Catalog and Some Comment Concerning the Shop and Workers at East Aurora, N.Y.

A. D. 1900

My Favorite Shoes 鞋调

怎样的画面才最协调？
听说我的帆布鞋，它也想“脚”逐最佳主角。

复古凳子上头，经典的帆布鞋图案，是我鞋柜里最好的朋友。

This is Paris Corner Speaking … 巴黎街角的咖啡店

PM03:00

我开始想念，巴黎街角的咖啡店，
伴着夕阳余晖，刚出炉的面包香。

与好友合作的法式袖珍面包小相框，
让刻章的魅力，回味无穷。

Happiness Collections
幸福的收集

我们的故事，是从一块简单的布开始的。
每一次旅行的风景，都是幸福的收集。

想盖就盖，不需要在意他人的眼光。
别小看素布，它的创意发挥空间是很大的喔！

童趣时光

Cute Time

刻写时光的童趣，
布满生活的足迹，
期待我未来的每一步，
都有海阔天空的宽广。

Footprint
脚印

人气可爱的白布鞋，因为明亮色彩的图刻，更显满满的童趣韵味。

我要记录你的每一步脚印，
用回忆，写下可爱的手作日记。

The Flying Childish King
T恤

现成的白色T恤，经过刻章的创意改造，
活泼简单的图案，让心情也变得好好的。

Lullaby Magic　摇篮曲

贴身衣物有种魔力，
像是轻轻柔柔的歌曲，伴我一夜好眠。

盖在贴身衣物上的图案，
即使经过水洗也不会轻易掉色，实用又可爱！

Where is ABC？ 背心

衣服上的色彩游戏，趣味感十足，
给人好好玩的纯棉印象。

小朋友最喜欢的纯棉背心，
轻柔、舒适的自然质感，最适合手作族。

舒服柔软的Polo衫，
在领子边缘盖上字母，休闲感个性十足。

影像素刻

Image Memory

有人用相机留下回忆，
有人用笔写生活记录。
我用简单的橡皮擦章，
印下鲜明的影像时刻。

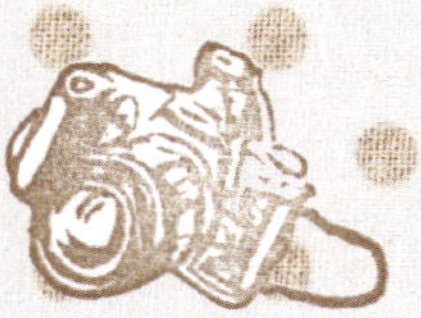

Hand made your smile

就是
笑刻刻！

图片由作者提供

The Scream　呐喊

画家压力大的时候，也会把自己画进作品里。
把不快乐装进相框，其实也没什么大不了的。

把章盖在纸上，放进买来的相框里，
在家里摆着一幅喜欢的画的感觉真好。

New Yorker 纽约刻

想当一个自由的背包客，随心所欲。
在这偌大城市里，自信是唯一的出口。

因为刻章装饰，市售的相框卡纸，
立即充满情境影像的复古氛围。

Now and Forever 视觉张力

这一刻，是我们都难忘的永恒。
创意无关信仰，纯粹视觉张力。

用厚纸卡盖章，做成小笺，
吊挂在车把上，或放在书本里，都是增添气氛的小道具。

My Boss Said That... 波斯哲学

学会本事的人，反而学不会骄傲。
世界就算再渺小，努力的人也会被看到。

用来致赠好友的个人影像纪念，
用刻章的方式表现，也超有创意。

My Collection

图片由作者提供

tool

工具与材料介绍

※注意：在切割橡皮擦时需要在"切割垫"上操作！不然桌面会被割出刀痕。

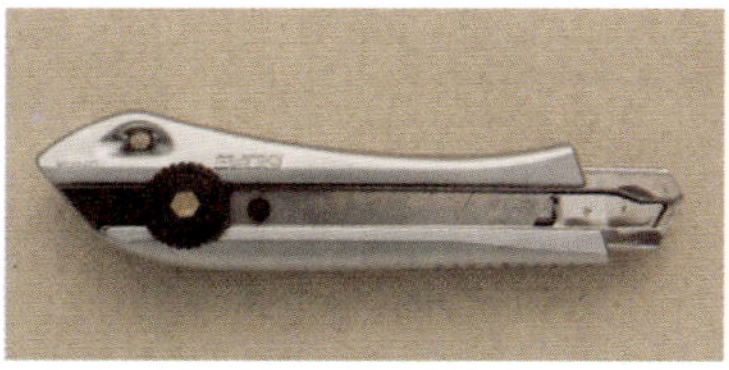

美工刀

切割橡皮擦用，切割诀窍在不要一刀切断，因橡皮擦有延展性和弹性。分两刀切断可避免切面过于歪斜，可选择大号的美工刀，较不费力。

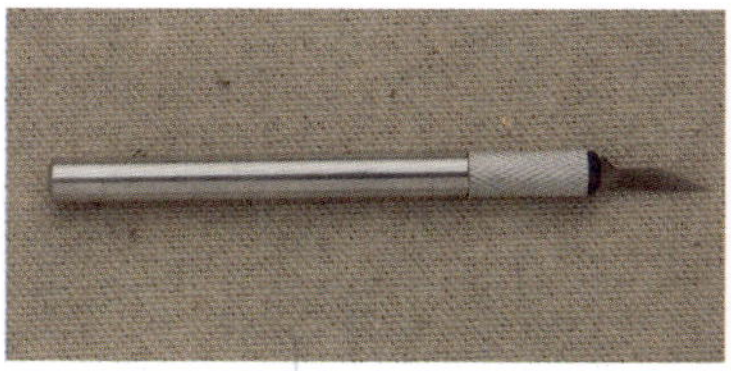

笔刀

笔刀刀锋尖锐，适合用来雕刻精细图案，线条会很流畅。刀片适合与否是雕刻的关键，好的刀片在运刀滑行时会让整个操作顺畅许多，但刀锋尖锐，使用时要小心。

雕刻用橡皮擦

专用橡皮擦章屑少、气泡少、软硬适中，下刀容易，不会碎裂，也有大尺寸可选择，对于刻大图会很方便。市售的一般橡皮擦皆可，但应注意要选择质地较硬的，太软的不易雕刻。

印刷图稿

可在电脑上找出自己喜爱的字体或图案，印出黑白稿来练习雕刻。

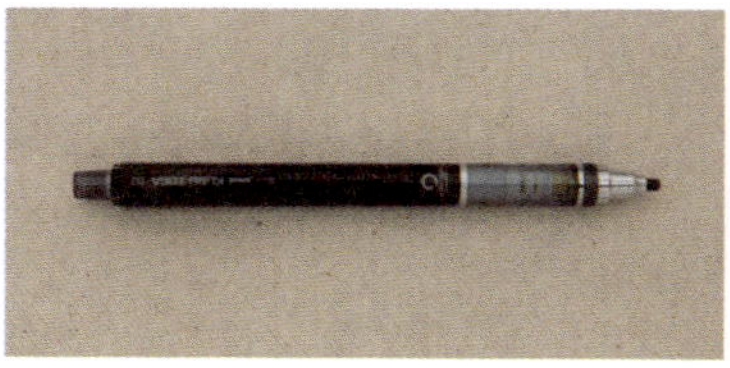

自动铅笔

用自动铅笔描绘出雕刻图案轮廓，可保持线条的细腻度。

三角刀

用来挖平和削掉不要的部分，可依自己手感挑选合适的三角刀或丸刀。

描图纸

用来描绘所要刻的图稿。

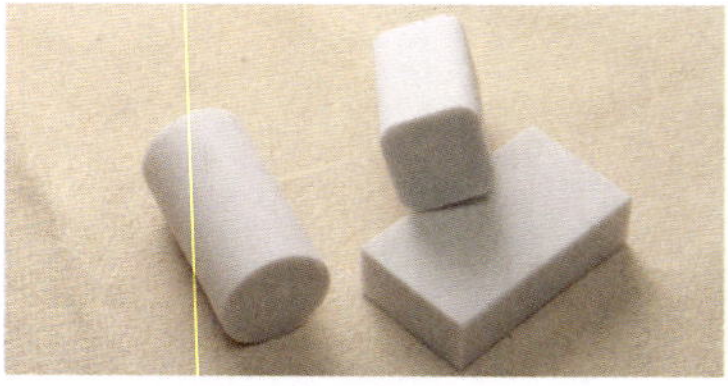

特殊造型雕刻橡皮

用于刻方形或圆形章很方便。

圆形运用图

方形运用图

Characteristic
印台介绍

BRILLIANCE 亮彩水滴印台

带有高雅的珍珠光泽，独特的水滴造型设计，尖端可局部上色于细部纹路，圆头可用于大面积上色，适用于描图纸、相片纸、黏土、木制品、热缩片等，也可直立于桌面，方便取用。

StazOn opaque 白色油性印台

速干不透明颜料，色泽持久，可防水也可印在玻璃瓶、金属、塑料、皮革、陶器、木材等物品上，用于透明材质物品上效果最佳，也适用于深色表面。

StazOn 油性万用印台

速干、色彩饱和、不易退色晕开，适用于各类材质盖印，可用于布、金属、塑料、皮革、特殊纸、玻璃、陶器、木头等，是非常实用的印台。

BRILLIANCE 亮彩印台

快干，干后可防水，具珍珠光泽。色彩细腻丰富，颜色含珠光微粒，可呈现立体质感，不易退色。适用于表面光滑的纸类，也可用于棉制品、木材等材质。

津久井智子日本VersaCraft印台（可爱豆子系列）

可套在手指上使用的4色圆形印台组，一组有4色共有6组24色，颜色特殊，配色丰富非常实用，适用于布、木材、纸、皮革、素烧，印章盖在布面上，用熨斗烫一下，即使水洗也不易掉色。

Kaleidacolor 光谱印台

水性快干印台，每盒含5种颜色，是新手上色的最佳配色参考，特殊的印台设计，可使用单色，也可同时使用5色做渐层上色，有彩虹般效果。水性颜料清洗容易，简单好用。

VersaMagic 魔术粉彩印台

独特的粉彩质感，显色效果佳，深浅色纸张皆适用，不易退色，不晕染，可使作品增添典雅柔和的效果，适用于多种材质。

刻之前注意的事项

1. 确定预雕刻图案的大小，实际图的大小等于刻出来的尺寸。

2. 新的橡皮上面会沾有粉状物，在雕刻前可先用肥皂清洗后擦干。以保证转印后的清晰度，图案也会较易附着。

3. 准备好的图案，在用描图纸描下来时尽量描得顺畅些。因为这和橡皮章完成有很大的关系。

4. 最好有一盏台灯，以免眼睛太过疲劳。

5. 在将图案刮印在橡皮上时，请将描图纸用手指固定，刮的过程中不可移动，以免图案模糊走样。

6. 把图刮印在橡皮上时，如有不清楚的地方可用自动铅笔再补描一次。以免造成刻章时吃力。

7. 在雕刻的同时以左手转动橡皮，右手握笔刀控制角度和方向。为使图形流畅，尽量一刀到底，不要停顿。

8. 刻章就像是刻纸雕的感觉，一样是沿着图的线条走，有一点不同的是纸雕是平面的，而橡皮是凹凸面，所以笔刀就要稍微倾斜一些，以便雕刻出来的图案底面积大一些，这样使用时橡皮章也较不易断裂。

9. 细部千万不可将刀刃插得太深，以免破坏了轮廓。

橡皮擦章的保养

每次盖完章，可使用专用清洁剂或用湿纸巾蘸点凡士林擦拭干净。收藏时可用纸包好，平放收纳，这样才能保存长久，延长橡皮擦章的寿命。

图解教学

How to do

来刻橡皮印章啰!

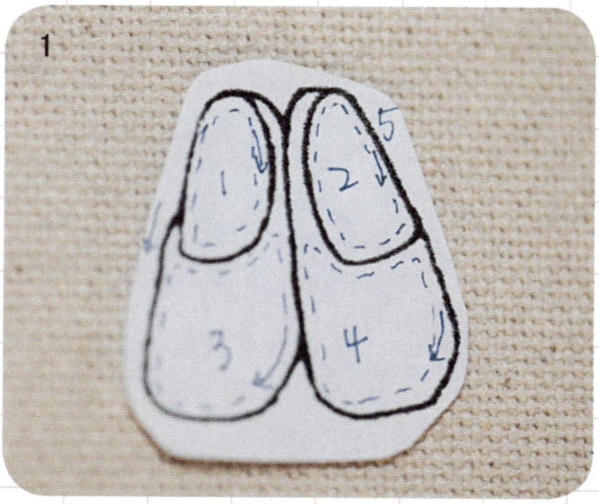

1~3.

将准备好的图盖上描图纸，记得用纸胶固定以免滑动，再使用自动铅笔描绘出轮廓。

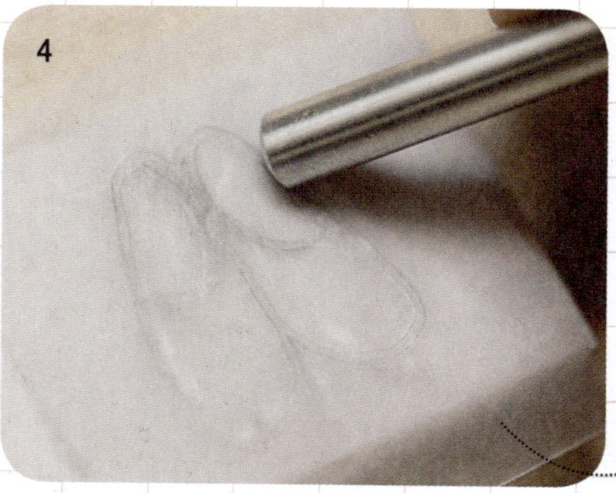

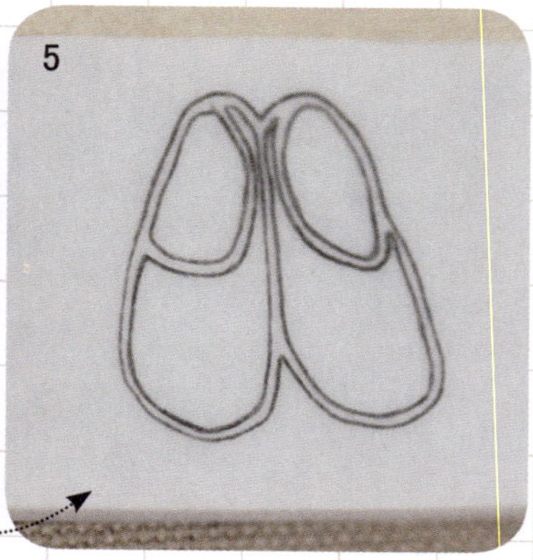

4、5.

将描好的图反面覆盖在橡皮擦上，使用刮刮乐的方式将图刮印在橡皮上。

6. 镂空内圈时，笔刀向内斜45°，沿着图案，以顺时针方向走完一圈。

7. 在刚才斜刀边0.1cm处将笔刀打直，沿逆时针方向走完一圈。

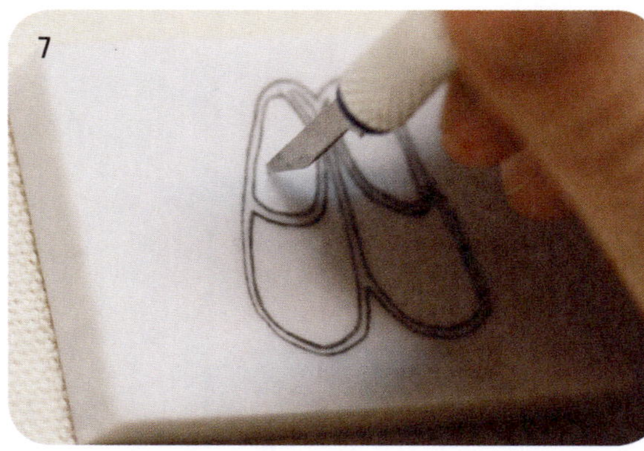

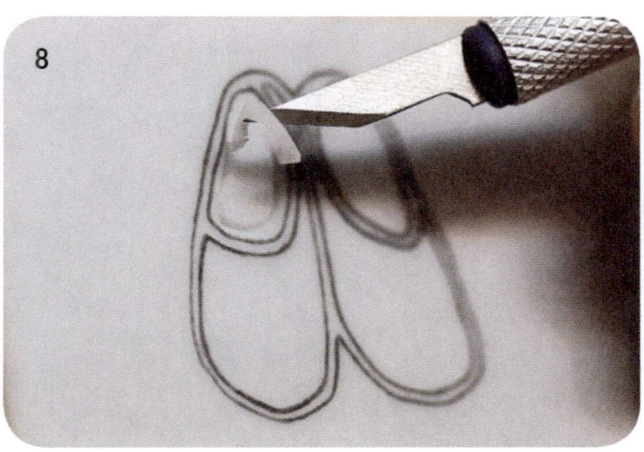

8. 再以笔刀头钩起便会形成V形沟。

9. 镂空另一内圈时，同样将笔刀向内斜45°，沿顺时针方向走。

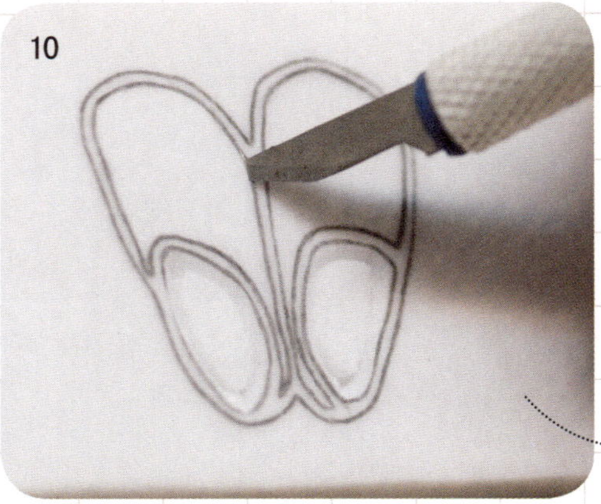

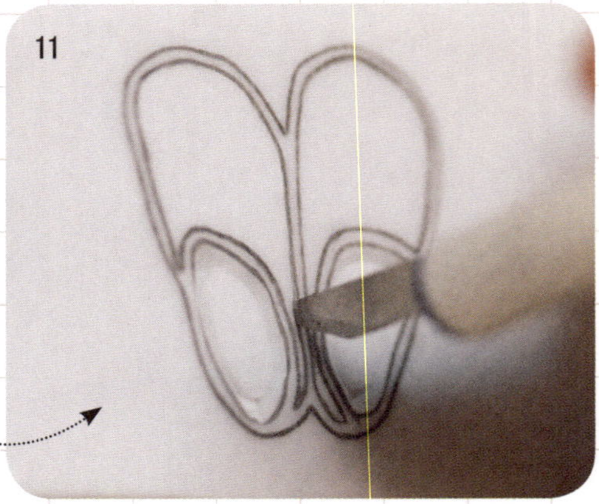

10~12. 不同的是斜刀走到后面，面积越小时笔刀就要打得越直，沿顺时针方向走到大面积时再回复到斜刀走完一圈。

13. 在刚刚沿顺时针方向运刀的边缘0.1cm处以直刀再沿逆时针方向走完一圈。

14. 以笔刀前端钩起橡皮形成V形沟。

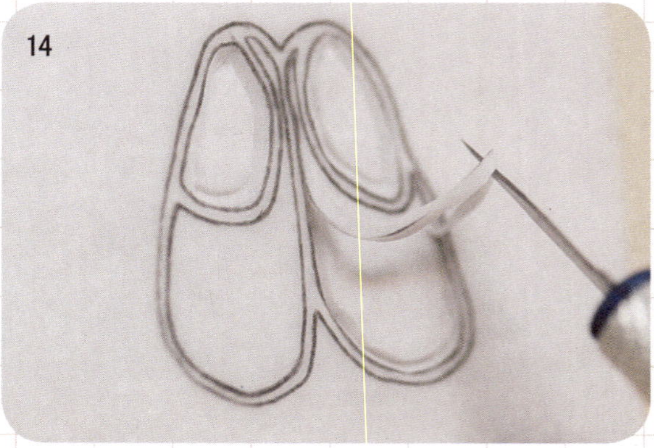

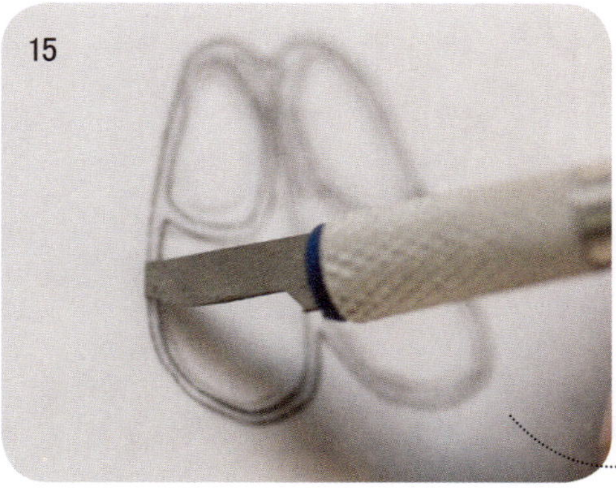

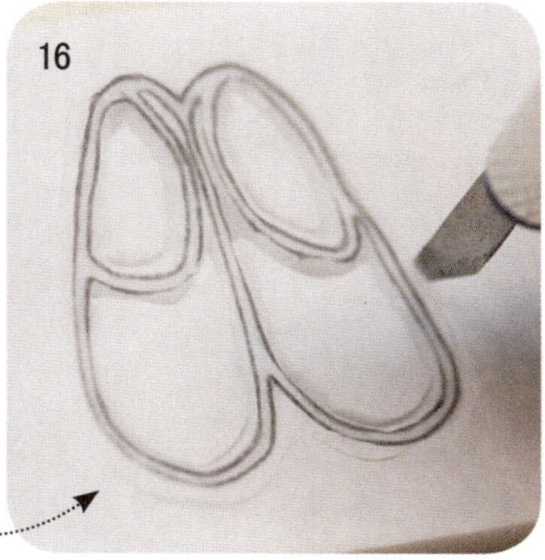

15、16. 镂空外圈时，笔刀向外斜45°，沿逆时针方向走完一圈，在沿逆时针方向运刀的边缘0.1cm处沿顺时针方向以直刀走完一圈。

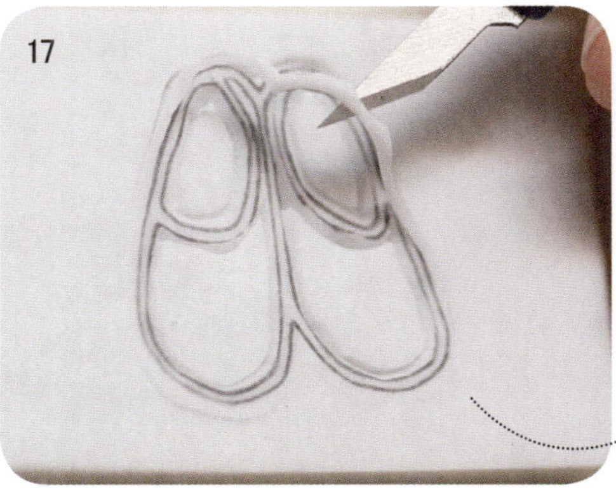

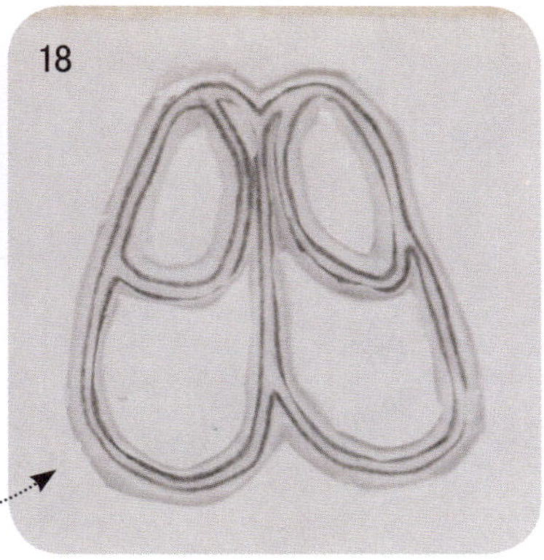

17、18. 以笔刀前端钩起橡皮形成V形沟。

19. 整个轮廓刻出来后，以三角刀将内部镂空。

20. 用美工刀沿着镂空后图案的轮廓，将不需要的空白部分的橡皮切掉。

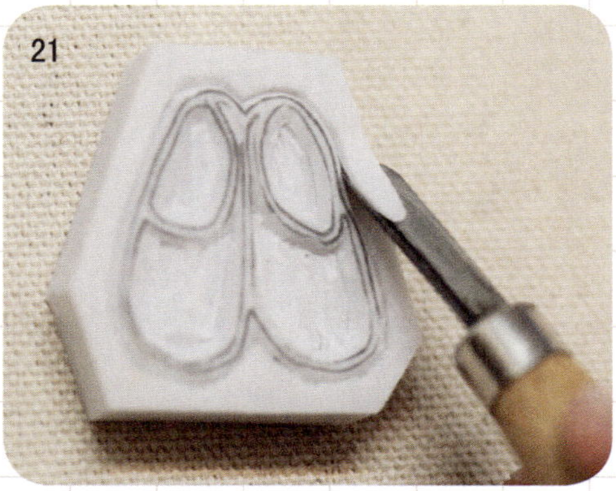

21. 再使用三角刀将外边多余部分去除即可。

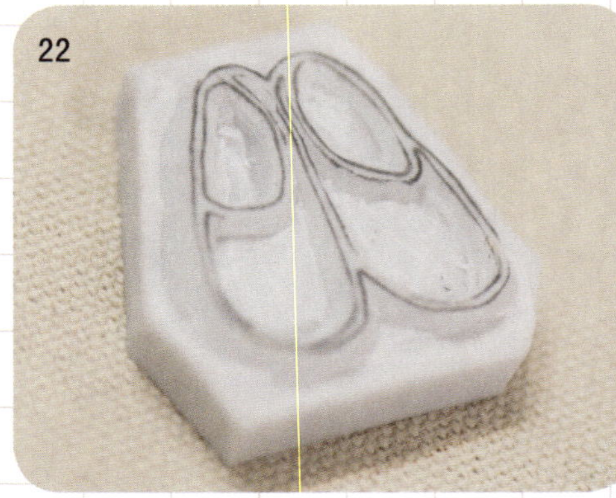

22. 作品完成啰!

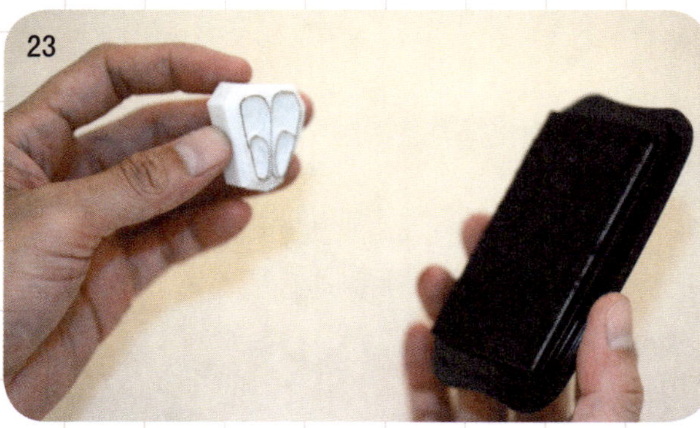

23. 手拿印台将颜料均匀地轻拍在印章上。

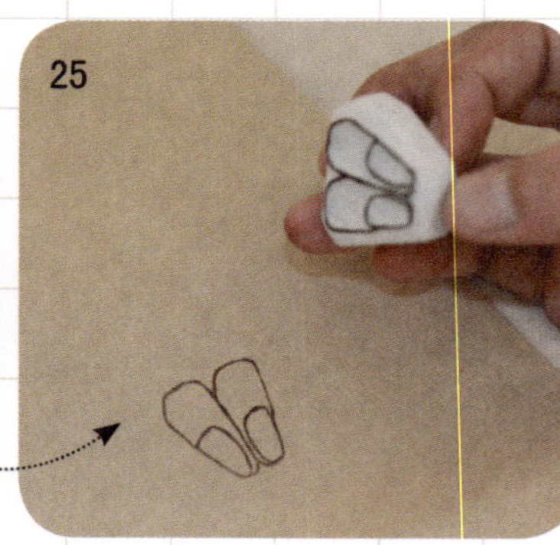

24、25. 均匀用力盖在欲使用的物品上即可。

26. 完成图。

How to do

卡片饰框刻法

1. 准备好所要刻的图案和描图纸。

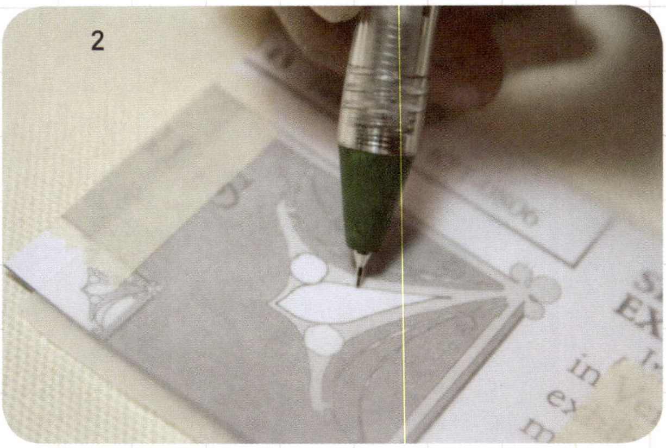

2. 将准备好的图案盖上描图纸，记住用纸胶固定以免滑动，再使用自动笔描出轮廓。

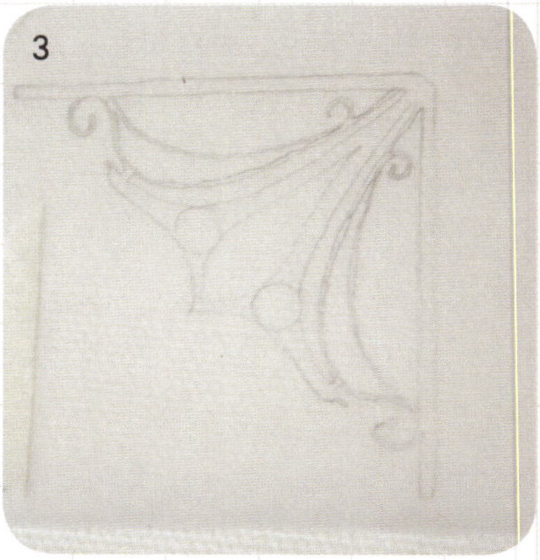

3. 描好的图案。

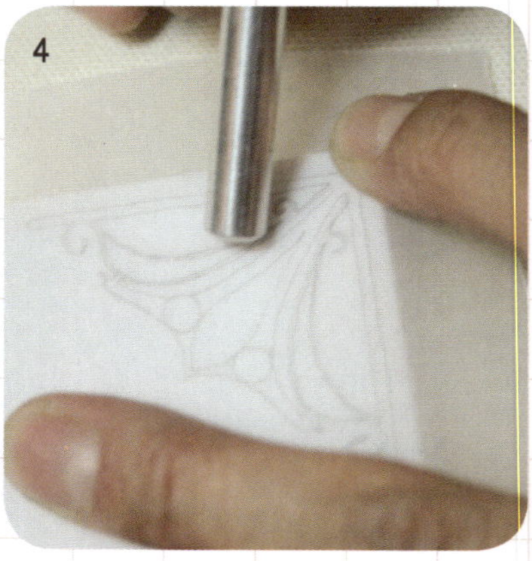

4. 将描好的图案反面覆盖在橡皮擦上，使用刮刮乐的方式将图案刮印在橡皮上。

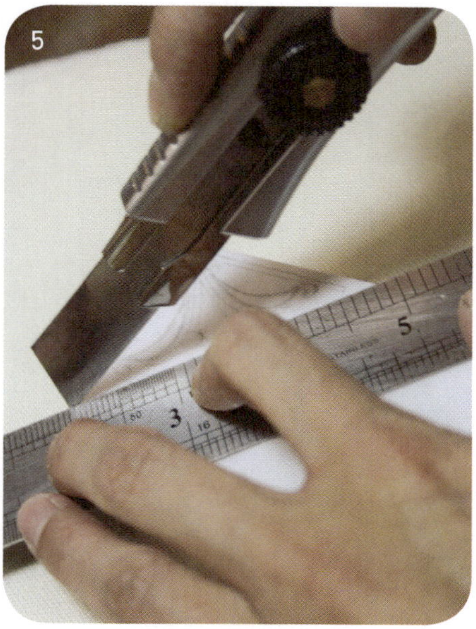

5. 使用美工刀将其所需图案部分切割下来。

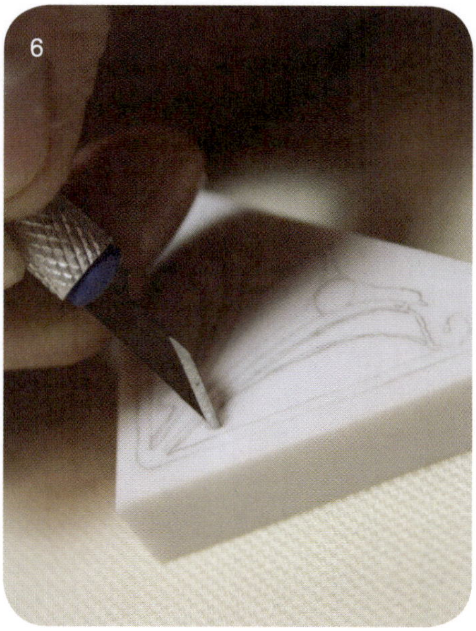

6. 镂空内圈时，笔刀向内斜45°，沿着图案以顺时针方向走完一圈，刀尖仅需陷入橡皮擦约2mm即可。

7. 在转弯处需小心走刀。

8. 在斜刀边0.1cm处将笔刀打直，沿逆时针方向走完一圈，和上一刀形成V形，可以轻易地把线条切割出来。

9. 用笔刀头钩起橡皮，便会形成V形沟。

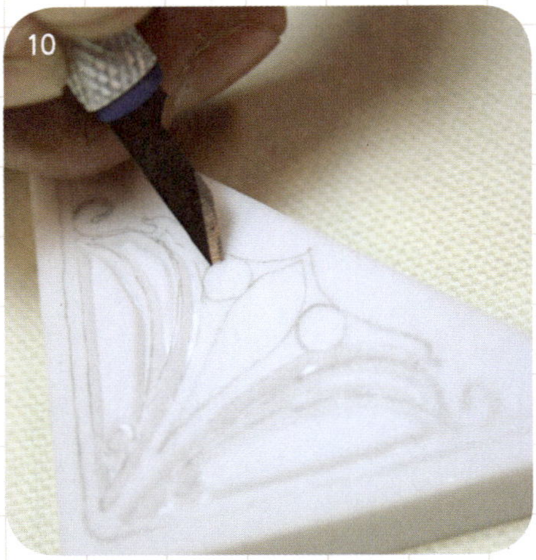

10. 圆形图案部分将笔刀向内斜45°，沿着图案以顺时针方向走完一圈，再用笔刀头将呈圆锥形的橡皮取下。

11. 同步骤6内圈镂空做法，笔刀向内斜45°，沿着图案以顺时针方向走完一圈。

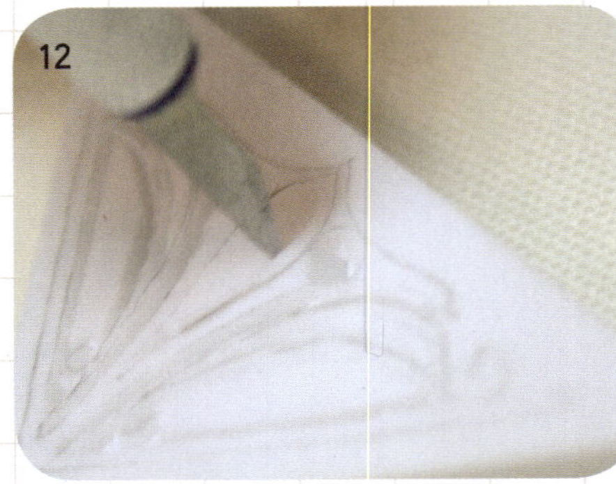

12. 顺着斜刀0.1cm处以直刀沿逆时针方向走完一圈。

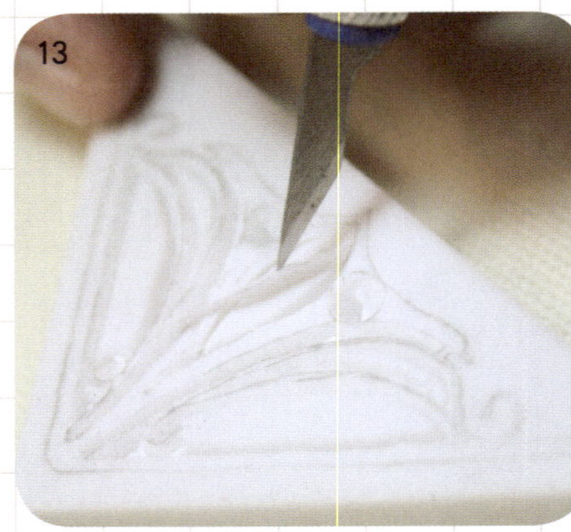

13. 再用笔刀头钩橡皮，形成V形沟。

14. 顺着外框将笔刀向外斜45°沿逆时针方向走完一圈，在斜刀边0.1cm处沿顺时针方向以直刀走完一圈。

15. 用笔刀头钩起橡皮，形成V形沟。

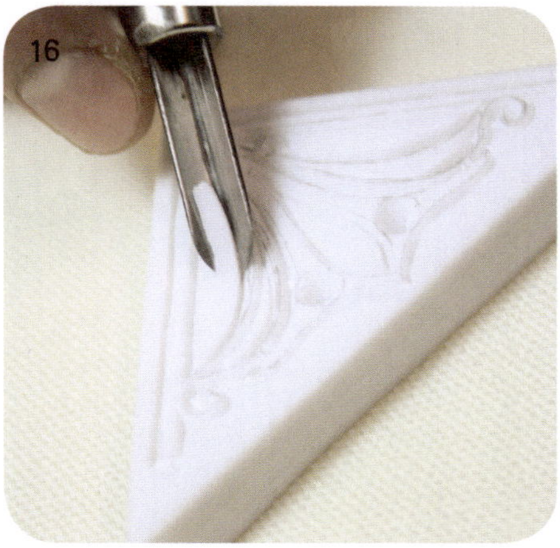

16. 整个轮廓刻出来后，再用三角刀将内部镂空。

17. 雕刻完成图。

18. 手拿印台将颜料均匀地轻拍在印章上。

19. 均匀用力盖在欲使用物品上即可。

20. 盖印完成图。

How to do

上下覆印法

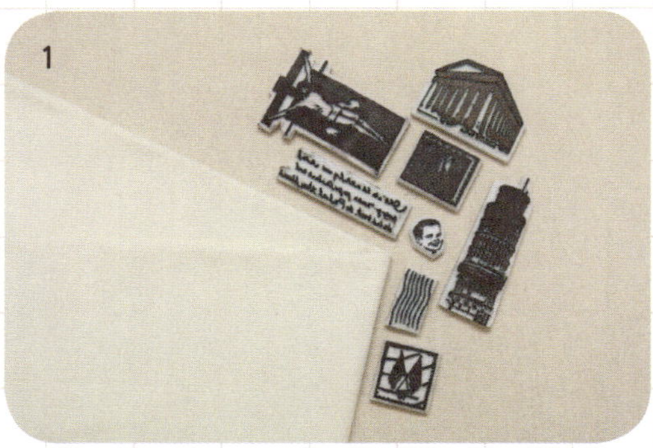

1. 先将预盖的章和布准备好。

2. 位于上方的章先盖好，盖好后再盖一次在纸上，将其剪下贴在刚盖好的图上。

3. 再把位于后方的章盖上。

4. 都盖好后就可把纸撕下，即可呈现出前后景的效果。

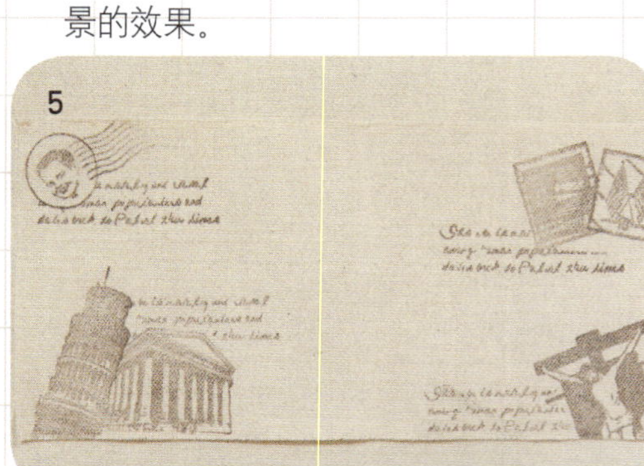

5. 技巧运用完成。

How to do

木块介绍

印章底座部分除了可自己裁切飞机木外，也有市售的木块可供选择，尺寸、形状多样，在制作上非常方便。

一般美术用品店或工艺品店都可买到这种工艺木块。

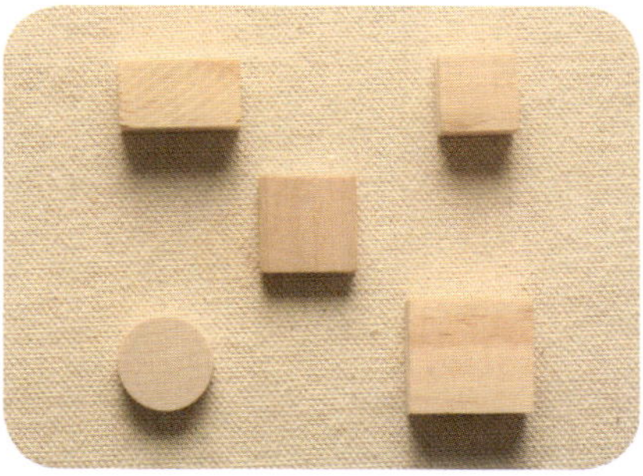

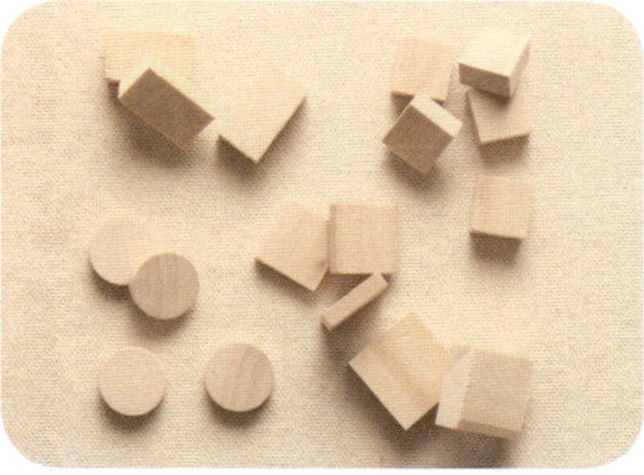

印章木座教学

刻好的橡皮章加上木座，在使用上会更方便喔。

1. 准备好要制作的印章和飞机木。

2. 在木头上用铅笔画下底座尺寸。

3. 使用小手锯或美工刀切下木块。

4. 切好的木块有毛边，可用砂纸磨边（建议使用320号砂纸）。

5. 边缘直角处可用砂纸打圆，边角会较美观。

6. 磨好的木块图。

7. 将印章图案盖在木块上。

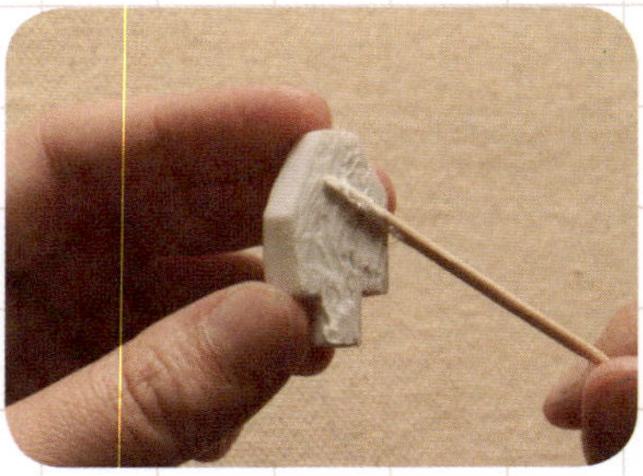

8. 橡皮章背面涂上白胶。

9. 静置一天让胶和木块黏着固定。

10. 可在做好的木座上涂上亮光漆保护。

11. 印章木座完成图。

印台上色法

1. 使用喜爱的印台，将颜料均匀地拍在木块上。

2. 印章木座完成图。

仿旧技巧上色法 上色颜料使用压克力颜料

1. 准备好乳白色压克力颜料和木块。

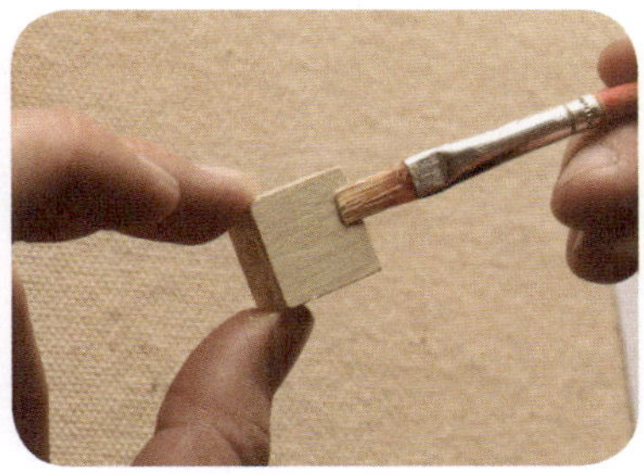

2. 将颜料均匀涂在木块上。

3. 待干后使用土黄色颜料干刷边缘。

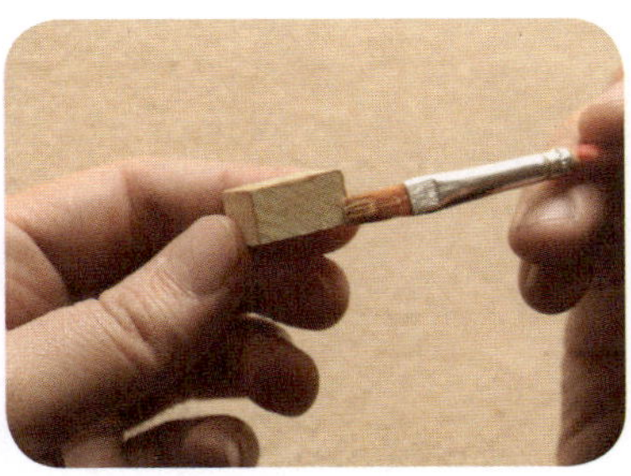

4. 四周边框都可干刷上色。

5. 将印章图案盖在木块上。

6. 印章木座完成图。

木纹上色法 上色颜料使用压克力颜料或木器着色漆

1. 准备好土黄色压克力颜料和木块。

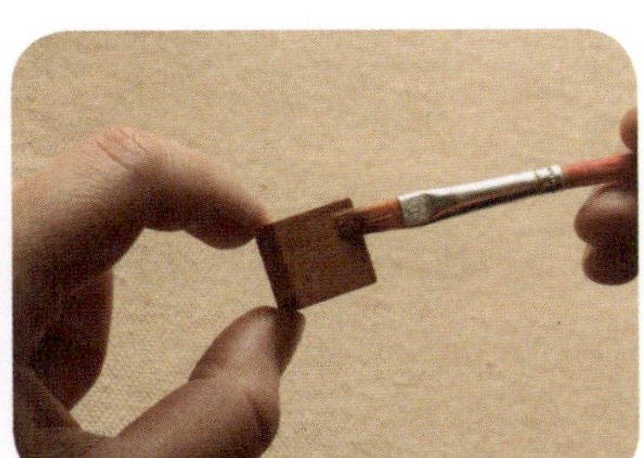

2. 将颜料均匀涂在木块上。

3. 印章木座完成图。

source material

材料运用

不同的材质盖橡皮章时要注意什么呢？要选什么印台？

软木垫

印台可选油性的，颜色会较饱和。

皮革

注意，印台要油性的才盖得上喔！可依皮革的颜色来选择印台。

牛皮纸

盖在纸上的印台选水性或油性的皆可，在盖章时若轻压则章的线条较细，若用力压则线条会较粗。

厚布

印台要油性的才盖得上，墨水要饱和，因为布较厚所以盖的时候要用力，图案才会完整。

木头

印台选水性或油性的皆可，盖之前木头表面可先用砂纸磨一下。

棉布

盖在布上的印台要油性的，布的下面垫硬垫子会比较好盖，图案盖完后待略干，图案上方可盖一块布再用熨斗热烫定色，这样水洗也不易掉色。

套双色运用图

在图案的颜色运用上除了单色印台，也可参考P.70的上下覆印法，使用多色印台作品颜色会很丰富。

上色木器

使用压克力颜料上色的木器或物品，印台要油性的才盖得上。

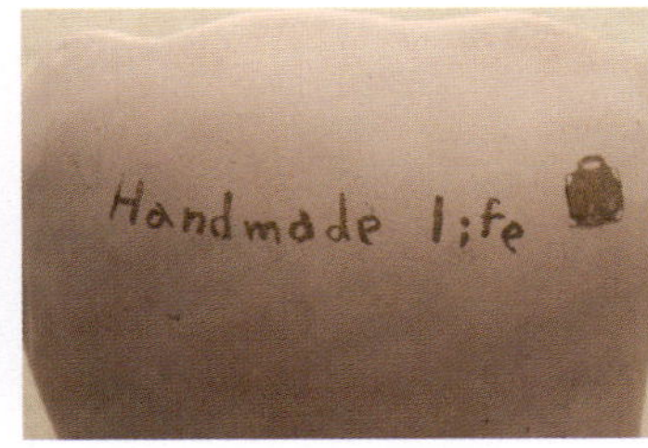

红土花器

印台要油性的才盖得上且不易掉色。

印在深色纸上

建议用浅色的印台会较显色。

How to do 纸胶带制作教学

1. 选好喜欢的图章，用油性印台上色。

2. 轻盖在纸胶带上。

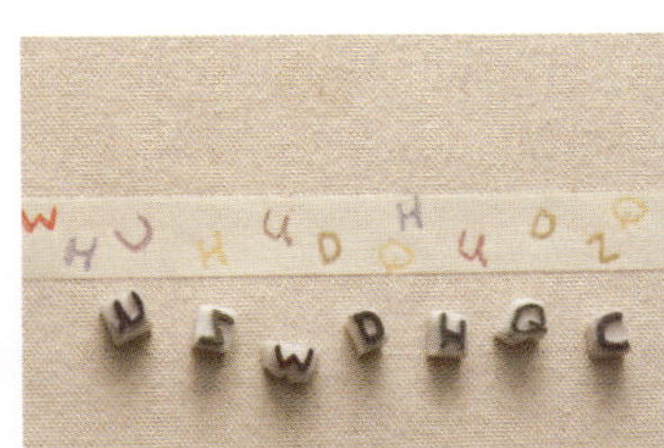

3. 完成独一无二的纸胶带。

特别技巧分享

仅适用于小面积雕刻

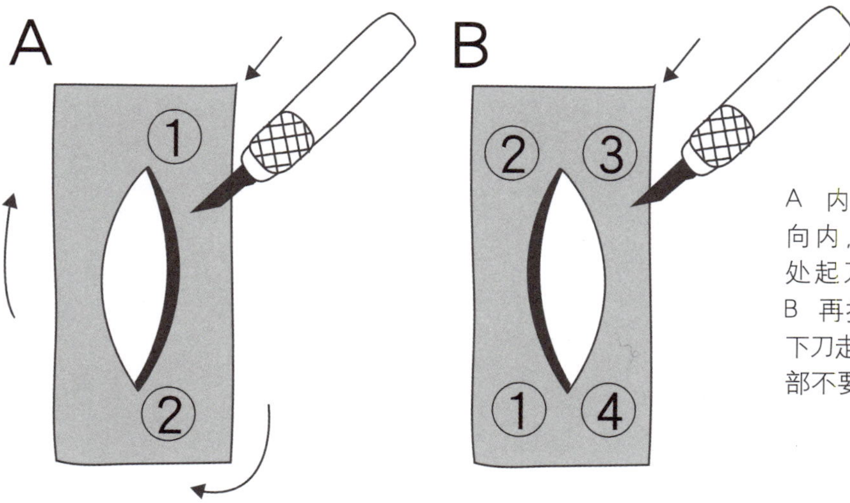

A 内部叶形面镂空：笔刀斜向内，先由①处下刀走至②处起刀。

B 再把橡皮转至另一边，③处下刀走至④处起刀，即可取下内部不要的橡皮。

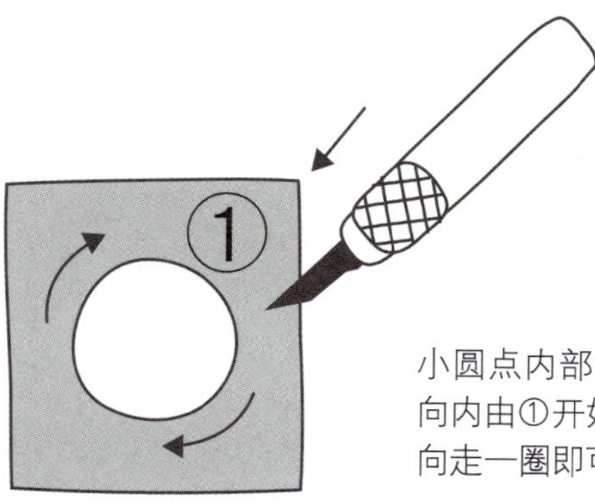

小圆点内部镂空：笔刀斜向内由①开始沿顺时针方向走一圈即可。

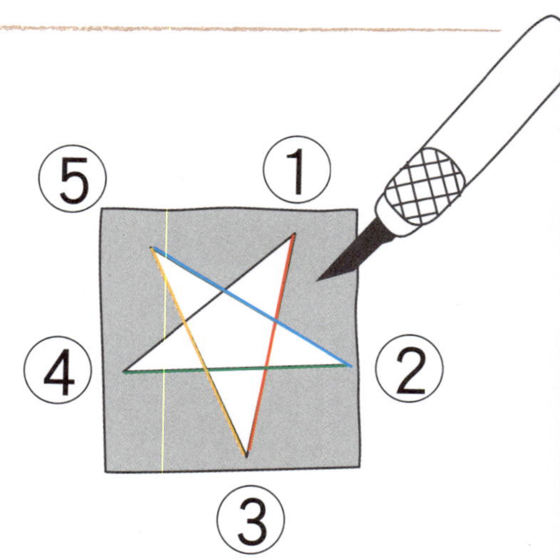

星形内部镂空：笔刀斜向内，由①处下刀至③处起刀，②处下刀至④处起刀，③处下刀至⑤起刀，④处下刀至①处起刀，⑤处下刀至②处起刀，即可用笔刀头将内部镂空成形。

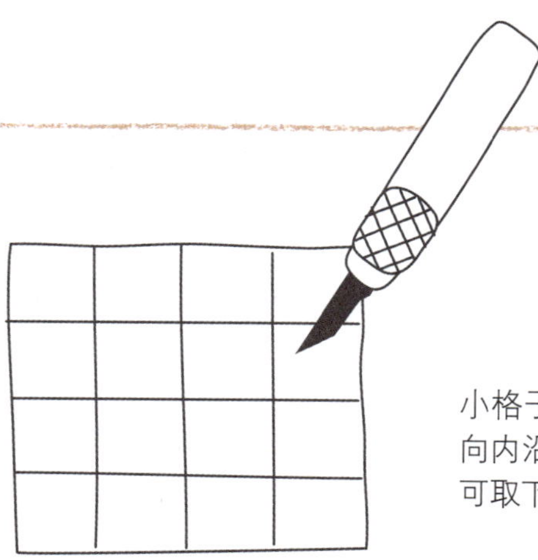

小格子内部镂空：笔刀斜向内沿4个边各下4刀，即可取下小格子内的橡皮。

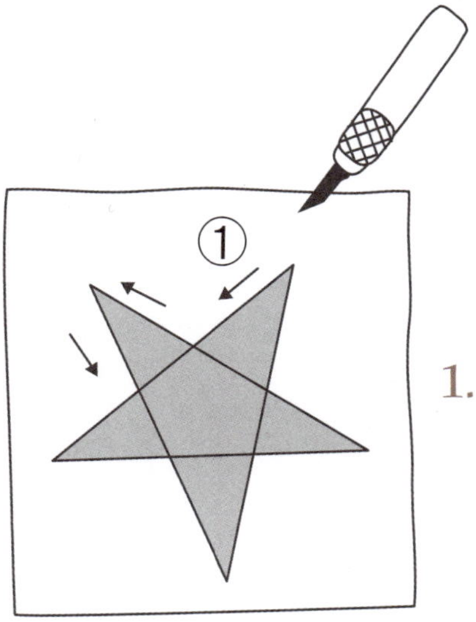

1. 外部镂空：笔刀斜向外由①处下刀，沿逆时针方向走一圈后起刀。

2. 在刚才的斜刀边0.1cm虚线处由①下直刀，沿顺时针方向走完一圈即可刻出V形沟。

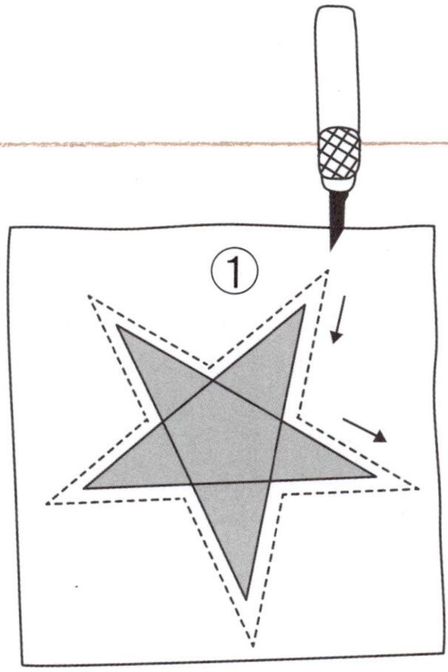

3. 其余不要的边再以三角刀或丸刀去除即可！

特别技巧分享

较大面积雕刻

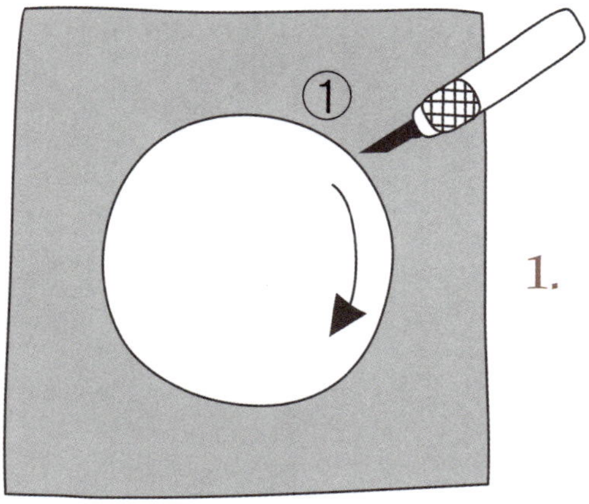

1. 圆内镂空：笔刀斜向内由①处下刀，沿着边线以顺时针方向走一圈后起刀。

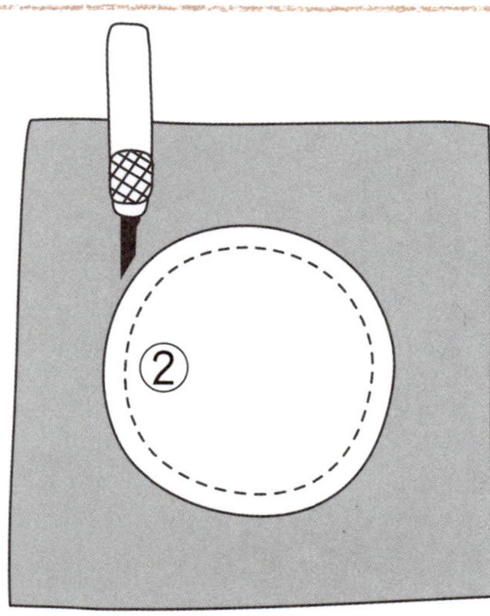

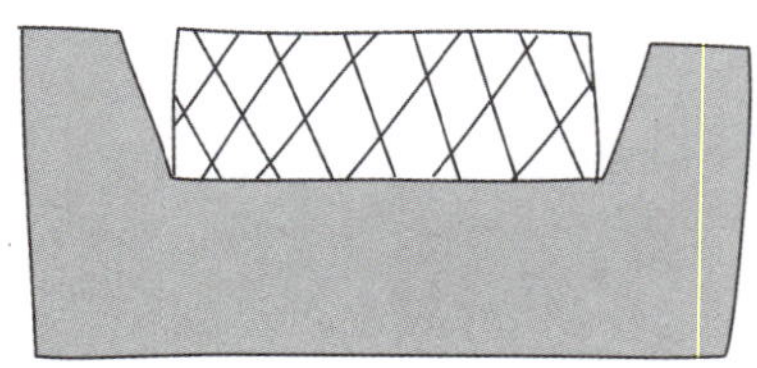

侧剖面图

2. 在刚才的斜刀边0.1cm处(虚线)由②处下直刀，沿逆时针方向走一圈起刀，即可取下橡皮形成V形沟。

3. 沟内剩余的橡皮再用三角刀或丸刀去除即可。

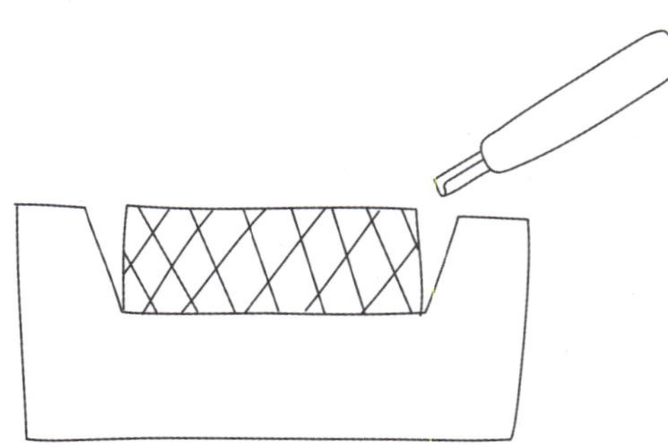

私藏印章原寸图

我的私藏图案集大公开!

本图片由作者提供

只要有刻成功及满意的图案，
我都会一一盖在图案集内珍藏，
这里有我许多回忆，是我最珍贵的宝物。

MON PETIT CADEAU 12 PARIS-FRANCE
nederland 70c
MERCI DE ME REGARDER AVEC TENDRESSE 1928
USAirmail
USA 26c
UNITED STATES POSTAGE FOUR CENTS 4
US AIR MAIL 11¢
DEUTSCHE BUNDESPOST 10
CANADA 5
U.S. POSTAGE 4¢

原寸图案

make CLEAN water a HUMAN Right.

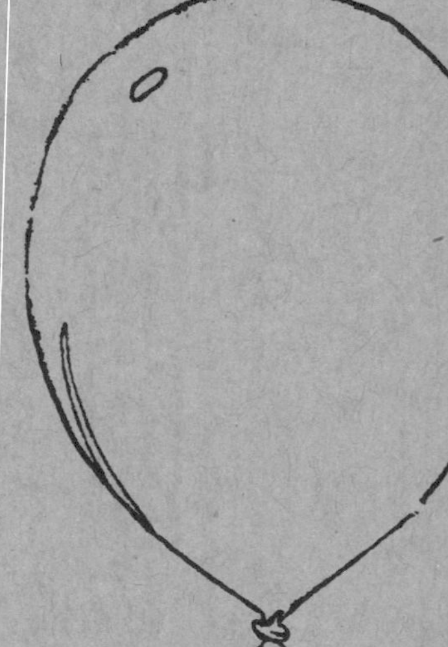

A B C D E F G H I J K L

M N O P Q R S T U V W

X Y Z

ABC

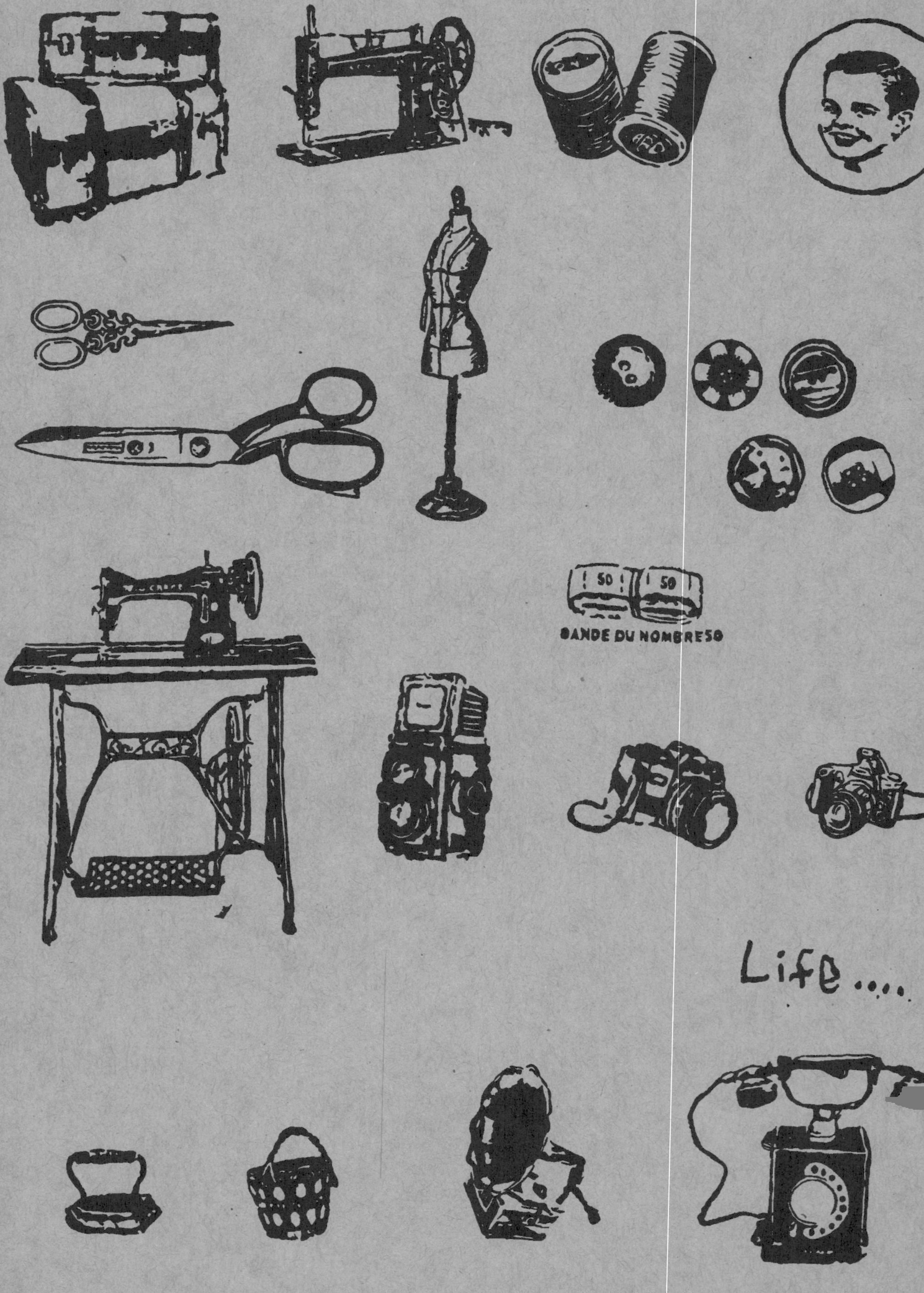
BANDE DU NOMBRE50
Life....